全国职业院校建筑类专业教材

建筑装饰材料
习题册

屠园园◎主编

中国劳动社会保障出版社

简介

本习题册是全国职业院校建筑类专业教材《建筑装饰材料》的配套习题册，根据职业院校建筑类专业学生的特点，并参照国家相关职业标准和行业岗位技能鉴定规范编写。

本习题册按照教材分章节编写，包括建筑装饰材料概述、胶凝材料、石材、陶瓷、玻璃、涂料、木材、塑料、金属材料、织物、胶黏剂，有填空题、单选题、判断题、名词解释、简答题等多种题型，供学生课后练习使用。

本习题册由屠园园主编。

图书在版编目（CIP）数据

建筑装饰材料习题册 / 屠园园主编．-- 北京：中国劳动社会保障出版社，2023
全国职业院校建筑类专业教材
ISBN 978-7-5167-6019-2

Ⅰ.①建… Ⅱ.①屠… Ⅲ.①建筑材料-装饰材料-中等专业学校-习题集 Ⅳ.①TU56-44

中国国家版本馆 CIP 数据核字（2023）第 179018 号

中国劳动社会保障出版社出版发行
（北京市惠新东街 1 号　邮政编码：100029）
*
北京市鑫霸印务有限公司印刷装订　新华书店经销
787 毫米 ×1092 毫米　16 开本　2.5 印张　53 千字
2023 年 10 月第 1 版　2025 年 5 月第 2 次印刷
定价：6.00 元

营销中心电话：400-606-6496
出版社网址：http://www.class.com.cn
http://jg.class.com.cn

目录
CONTENTS

第一章 建筑装饰材料概述

一、填空题（将正确答案填在横线上）

1. 建筑装饰材料除了具有装饰功能和____________功能外，还有改善室内环境的功能。

2. 按装饰部位不同，建筑装饰材料可分为外墙装饰材料、内墙装饰材料、地面材料和__________材料四大类。

3. 建筑装饰材料按燃烧性能可分为A级、B_1级、B_2级和B_3级，其中，A级为____________材料，B_1级为____________材料。

4. 材料的很多性质与孔隙率的大小有关，还与孔隙的____________有关。

5. 材料在空气中与水接触时，会被水润湿，根据其被水润湿的程度，可将其分为____________材料与____________材料。

6. 材料在潮湿的空气中吸收空气中水分的性质，称为吸湿性。吸湿性的大小用____________表示。

7. 影响材料耐久性的外部因素主要有化学作用、________________、机械作用和____________。

8. 随着孔隙率的增大，材料的强度、密度会有规律地____________。

二、单选题（将正确答案的字母填在括号内）

1. 建筑装饰材料按化学成分不同可分为（　　）。

A. 无机材料、有机材料

B. 金属材料、非金属材料

C. 植物质材料、高分子材料、沥青材料、金属材料

D. 无机材料、有机材料、复合材料

2. 下列选项中，属于无机材料的是（　　）。

A. 沥青制品　　B. 塑料

C. 天然石材　　D. 木材

3. 下列选项中，属于脆性材料特征的是（　　）。

A. 破坏时没有明显的塑性变形　　B. 抗压强度是抗拉强度的8倍以上

C. 抗冲击破坏时吸收的能量大　　D. 破坏前无任何变形

4. 下列选项中，属于憎水性材料的是（　　）。

A. 天然石材　　B. 钢材

C．沥青　　　　D．混凝土

5．材料的密度指的是（　　）。

A．材料在自然状态下，单位体积的质量

B．材料在堆积状态下，单位体积的质量

C．材料在绝对密实状态下，质量与体积的比

D．材料的体积不包括开口孔体积时，材料单位体积的质量

6．材料的孔隙率越高，材料的（　　）。

A．抗冻性、抗渗性、耐腐蚀性越好

B．抗冻性、抗渗性、耐腐蚀性越差

C．密度越大，导热系数、软化系数越高

D．密度越小，绝热性、耐水性越差

7．根据国家标准，室内空气中允许的甲醛浓度最高为（　　）mg/m^3。

A．0.08　　　　B．0.06

C．0.07　　　　D．0.09

8．随着建筑装饰材料的不断发展和人们环保意识的提高，人们越来越关注建筑装饰材料的（　　）。

A．功能性　　　　B．装饰性

C．安全性　　　　D．绿色环保性

三、判断题（正确的在题后括号内打“√”，错误的打“×”）

1．材料的密度与表观密度越接近，材料越密实。（　　）

2．水附于憎水性材料表面，润湿角≤ 90°。（　　）

3．材料在水中能吸收水分的性质称为材料的吸水性。（　　）

4．通常，材料的软化系数大于 0.7 时，可以认为它是耐水材料。（　　）

5．构造致密的材料强度高，疏松多孔的材料强度低。（　　）

6．耐磨性是指材料表面抵抗磨损的能力，材料表面磨损率越小，材料的耐磨性越差。（　　）

7．材料的抗冻性以抗冻等级 Fn 来表示，它是指材料在吸水饱和状态下，强度损失和质量损失达到规定上限时，所能承受的最大冻融循环次数。（　　）

8．在装修时选用无毒无害低排放的装饰材料，采用低耗能工艺生产的节能环保绿色装饰材料，可节约资源，有利于环境可持续发展。（　　）

四、名词解释

1．空隙率

2．吸湿性

3．抗冻性

4．塑性

五、简答题

1．建筑装饰材料具有哪些功能？

2．建筑装饰材料按燃烧性能分为哪几类？

3．影响材料耐久性的外部因素主要有哪些？

4．建筑装饰材料的发展趋势有哪些特点？

第二章 胶凝材料

一、填空题（将正确答案填在横线上）

1. 无机胶凝材料根据硬化条件可分为________胶凝材料和________胶凝材料。

2. 拌和水泥浆时，水与水泥的质量比称为__________。

3. 硅酸盐水泥的初凝时间不得少于______min，终凝时间不得大于______h。

4. 普通混凝土的四种基本组成材料包括水、__________、________和石子（粗骨料）。

5. 混凝土的强度包括抗压强度、抗拉强度、抗弯强度和抗剪强度等，其中____________最大，____________最小。

6. 砂浆按用途不同可分为______________、______________、装饰砂浆和特种砂浆等。

7. 纸面石膏板主要有________纸面石膏板、________纸面石膏板和耐水纸面石膏板等种类。

8. 砂浆的流动性是指砂浆在自重或外力作用下易于流动的性能，其大小用__________表示。

二、单选题（将正确答案的字母填在括号内）

1. 下列选项中，属于水硬性胶凝材料的是（　　）。

A. 石灰　　B. 石膏

C. 水泥　　D. 水玻璃

2. 建筑工程中使用最多的水泥是（　　）。

A. 矿渣水泥　　B. 火山灰水泥

C. 铝酸盐类水泥　　D. 硅酸盐水泥

3. 在硅酸盐水泥中掺入适量的石膏，其目的是（　　）。

A. 节约成本　　B. 提高产量

C. 减缓水泥凝结硬化速度　　D. 促进水泥凝结硬化

4. 混凝土的和易性不包含（　　）。

A. 流动性　　B. 可塑性

C. 黏聚性　　D. 保水性

5. 硬化后的混凝土应具有（　　）。

A. 和易性和强度　　B. 强度和耐久性

C．流动性和黏聚性　　D．流动性、黏聚性和保水性

6.（　　）浆体在凝结硬化过程中，体积会微小膨胀。

A．石灰　　B．石膏

C．水泥　　D．菱苦土

7．石膏制品具有良好的防火性能，原因是（　　）。

A．火灾时二水石膏脱水，形成水蒸气

B．石膏制品空隙率大

C．石膏制品导热率低

D．以上都是

8．下列工程中，不适合选用石膏和石膏制品的是（　　）。

A．吊顶工程　　B．影剧院穿孔贴面板工程

C．冷库内的墙贴面工程　　D．非承重隔墙板工程

三、判断题（正确的在题后括号内打“√”，错误的打“×”）

1．石灰、石膏属于气硬性无机胶凝材料。（　　）

2．水泥越细，凝结硬化速度越快，强度（特别是早期强度）越高，收缩也越大。（　　）

3．体积安定性不良的水泥经处理后可用于建筑工程中。（　　）

4．混凝土和易性是指混凝土拌和物在一定的施工条件下，易于施工操作（拌和、运输、浇筑、捣实）并能形成均匀密实混凝土的性能。（　　）

5．混凝土的耐久性主要以抗渗性、抗冻性、抗腐蚀性和抗碳化性体现。（　　）

6．在水泥强度等级相同的情况下，水灰比越大，混凝土的强度越高，耐久性越好。（　　）

7．斩假石是以水泥石砟浆制作面层抹灰，待其具有一定强度时，用钝斧或凿子等工具，在面层上剁斩出类似经雕琢的石材的纹理的一种人造石材装饰方法。（　　）

8．装饰石膏板具有质轻、高强、耐火、隔声、韧性高等优点，可对其进行锯、刨、钉、钻、粘等加工，施工安装方便。（　　）

四、名词解释

1．胶凝材料

2．混凝土

3．混凝土外加剂

4．纸面石膏板

五、简答题

1．硅酸盐水泥的特性有哪些？

2．混凝土按表观密度不同可分为哪几大类？

3．石砟类砂浆饰面与灰浆类砂浆饰面的主要区别是什么？

4．建筑石膏的特性有哪些？

第三章 石材

一、填空题（将正确答案填在横线上）

1. 建筑装饰工程中使用的石材主要有天然石材和__________。

2. 与天然石材相比，人造石材具有__________、__________、耐污耐腐、施工便捷、造价低廉、表面花纹图案可设计等优点。

3. 构成岩石的矿物称为__________。

4. 天然花岗石板材按表面加工程度不同可分为__________、__________和镜面材。

5. 人造饰面石材按其所用材料不同，一般可分为__________人造饰面石材、水泥型人造饰面石材、复合型人造饰面石材和烧结型人造饰面石材四类。

6. 饰面石材的表面加工方式包括____________、火焰烧毛、凿毛等。

7. 岩石按地质形成条件不同可分为火成岩、__________、__________三类。

8. 人造饰面石材是一种比较经济的饰面材料，其缺点是__________差。

二、单选题（将正确答案的字母填在括号内）

1. 下列选项中，不属于喷出岩的是（　　）。

A. 玄武岩　　B. 辉绿岩

C. 安山岩　　D. 水成岩

2. 天然大理石板材中，常用普型板的厚度为（　　）mm。

A. 20　　B. 15

C. 25　　D. 10

3. 天然大理石板材按加工质量和外观质量不同可分为（　　）三个等级。

A. 一等品、二等品、三等品　　B. A、B、C

C. 优等品、合格品、不合格品　　D. 一等品、合格品、不合格品

4. 下列选项中，不属于天然大理石特点的是（　　）。

A. 抗压性强　　B. 吸水率小

C. 不易变形　　D. 抗风化能力强

5. 按地质形成条件不同，岩石可分为（　　）。

A. 火成岩、沉积岩、变质岩　　B. 火成岩、沉积岩、岩浆岩

C. 沉积岩、岩浆岩、水成岩　　D. 沉积岩、岩浆岩、石英

6. 下列选项中，不属于天然石材特点的是（　　）。

A. 性能变化大　　B. 开采难度大

C．加工成本低　　　　D．有美丽的色彩

7．下列四种岩石中，耐火性最差的是（　　）。

A．石灰岩　　　　B．大理岩

C．玄武岩　　　　D．花岗岩

8．下列四种石材中，不宜用于地面铺设的是（　　）。

A．美国白麻　　　　B．西班牙米黄

C．玉石　　　　D．砂岩

三、判断题（正确的在题后括号内打“√”，错误的打“×”）

1．建筑装饰工程中常用岩石的主要造岩矿物有石英、长石、角闪石、辉石、橄榄石、云母、方解石等。（　　）

2．天然石材一般都含有放射性物质，在选择天然石材时必须遵守国家有关规定。（　　）

3．天然大理石适用于公共卫生间洗手台面的制作。（　　）

4．天然大理石既可用于室内装修也可用于室外装修。（　　）

5．天然花岗石结构致密、质地坚硬、耐酸碱、耐气候性好，可以在室外长期使用。（　　）

6．天然花岗石性能稳定、变形极小，能保持加工后的精度，耐磨性好，耐用性好，硬度大，耐酸、耐碱、耐盐，耐用年限长。（　　）

7．复合型人造饰面石材取材方便，价格低廉，但抗腐蚀性较差，容易出现微裂纹。（　　）

8．人造饰面石材常用于室外立面和柱面装饰、室内铺地和墙面装饰、卫生洁具制造等。（　　）

四、名词解释

1．天然石材

2．人造石材

3．大理石

4. 人造饰面石材

五、简答题

1. 天然石材和人造石材有什么区别?

2. 选用天然石材时要考虑哪些问题?

3. 人造饰面石材有哪些特点?

4. 天然花岗石有哪些特点?

第四章 陶瓷

一、填空题（将正确答案填在横线上）

1. 陶瓷坯体按烧结程度不同可分为陶质坯体、炻质坯体和＿＿＿＿＿＿三种。

2. 生产陶瓷使用的天然矿物原料通常分为＿＿＿＿＿＿原料、＿＿＿＿＿＿原料、助熔原料和有机原料四类。

3. 釉面内墙砖简称釉面砖、内墙砖和＿＿＿＿＿＿。

4. 无釉陶瓷墙地砖的颜色以＿＿＿＿＿＿和有色斑点为主，表面有平面、浮雕面和防滑面等多种类型。

5. 玻化墙地砖亦称＿＿＿＿＿＿或全玻化砖，它由优质瓷土经高温焙烧制成。

6. 锦砖由于尺寸小，不便施工，常被按一定规格尺寸和图案要求反贴在一定规格的方形牛皮纸上供装饰使用，所以它又常被称为＿＿＿＿＿。

7. 建筑琉璃制品分为＿＿＿＿＿、＿＿＿＿＿和饰件类三类。

8. 陶瓷墙地砖根据表面是否施釉可分为彩色釉面陶瓷墙地砖和＿＿＿＿陶瓷墙地砖。

二、单选题（将正确答案的字母填在括号内）

1. 下列坯体中，制品断面细腻、有光泽，半透明，基本不吸水，强度高的是（　　）。

A．瓷质坯体　　B．陶质坯体

C．炻质坯体　　D．釉面砖

2. 在陶瓷生坯或经素烧的坯体上进行彩绘，施涂透明釉料，再进行高温釉烧可形成（　　）。

A．印彩　　B．贵金属装饰

C．釉上彩绘　　D．釉下彩绘

3. 决定釉面内墙砖质量的重要技术指标是（　　）。

A．吸水率　　B．色差

C．平整度　　D．直角度

4. 彩色釉面陶瓷墙地砖的厚度一般为（　　）mm。

A．4～8　　B．8～12

C．12～16　　D．16～20

5. 细炻砖的吸水率平均值为（　　）。

A．1%～3%　　B．2%～5%

C．3%～6%　　D．5%～10%

6．玻化砖的结构致密、质地坚硬，其莫氏硬度为（　　）。

A．2～4　　B．3～5

C．4～6　　D．6～7

7．下列陶瓷制品中，一般来说，吸水率较小的是（　　）。

A．外墙面砖　　B．釉面内墙砖

C．地面砖　　D．陶瓷马赛克

8．下列选项中，采用釉面砖表面热喷涂着色工艺制成的是（　　）。

A．金属光泽釉面砖　　B．仿花岗岩墙地砖

C．渗花砖　　D．劈离砖

三、判断题（正确的在题后括号内打"√"，错误的打"×"）

1．炻质制品按坯体致密程度不同分为粗炻制品和细炻制品，大多数墙地砖属于细炻制品，少数陶瓷锦砖属于粗炻制品。（　　）

2．陶器、炻器、瓷器这三者中，陶器的烧成温度及烧结程度高于炻器和瓷器。（　　）

3．青花瓷、釉里红、釉下五彩等都是我国名贵的釉上彩绘制品。（　　）

4．釉面内墙砖只能用于室内，不能用于室外。（　　）

5．长宽比大于 2 的彩色釉面陶瓷墙地砖称为条砖。（　　）

6．劈离砖以国家鼓励使用的烧制材料优质页岩为主要制作原料，经高温焙烧制成，永不褪色。（　　）

7．渗花砖坯体属于瓷质坯体，其硬度和耐磨性高于釉层。（　　）

8．陶瓷壁画具有单块砖面积大、厚度小、强度高、平整度好、吸水率小、抗冻、耐酸蚀、耐急冷急热、施工方便等优点。（　　）

四、名词解释

1．釉面内墙砖

2．彩色釉面陶瓷墙地砖

3．无釉陶瓷墙地砖

4．陶瓷锦砖

五、简答题

1．釉上彩绘有哪些特点？

2．釉面内墙砖有哪些特点？

3．陶瓷墙地砖有哪些特点？

4．陶瓷锦砖与陶瓷墙地砖之间有哪些区别？

第五章 玻璃

一、填空题（将正确答案填在横线上）

1. 玻璃吸收光能与入射光能的比值称为__________，它是评价吸热玻璃性能的一项重要指标。

2. 玻璃按制造方法不同可分为______________、深加工玻璃和熔铸成形玻璃三类。

3. 安全玻璃的主要品种有____________、__________和夹层玻璃。

4. 我国生产的夹丝玻璃可分为夹丝压花玻璃和______________两类。

5. __________的主要作用是吸收辐射热，其颜色和厚度不同，对太阳光辐射热的吸收程度也不同。

6. 热反射玻璃的隔热性能可用____________表示。

7. 中空玻璃具有较好的__________性能，一般可使噪声下降 30 ~ 40 dB。

8. 玻璃幕墙以__________型材为边框，__________为外敷面，内衬墙为使用绝热材料制成的复合墙体，并用结构胶密封。

二、单选题（将正确答案的字母填在括号内）

1. 玻璃的导热性能随着温度的升高而（　　）。

A. 减弱　　B. 增强

C. 不变　　D. 无法确定

2. 按（　　）不同进行分类，玻璃可分为建筑玻璃、化学玻璃、光学玻璃、电子玻璃（　　）。

A. 用途　　B. 化学组成成分

C. 制造方法　　D. 使用功能

3. 平板玻璃按生产方法不同，可分为（　　）。

A. 普通平板玻璃和深加工玻璃　　B. 浮法玻璃和装饰玻璃

C. 普通平板玻璃和浮法玻璃　　D. 建筑玻璃和装饰玻璃

4. 下列选项中，主要用作汽车车窗玻璃的是（　　）。

A. 平面钢化玻璃　　B. 吸热钢化玻璃

C. 半钢化玻璃　　D. 曲面钢化玻璃

5. 一般清洁的普通玻璃透光率为（　　）。

A. 80% ~ 85%　　B. 85% ~ 90%

C. 90% ~ 95%　　D. 75% ~ 80%

6. 在平板玻璃表面涂覆金属或金属氧化物薄膜可制作（　　）。

A. 吸热玻璃　　B. 镜面玻璃

C. 热反射玻璃　　D. 中空玻璃

7. 主要用于透光而不透视部位的玻璃是（　　）。

A. 花纹玻璃　　B. 磨砂玻璃

C. 镜面玻璃　　D. 冰花玻璃

8.（　　）的图案立体感强，似浮雕一般。

A. 磨砂玻璃　　B. 冰花玻璃

C. 刻花玻璃　　D. 镭射玻璃

三、判断题（正确的在题后括号内打“√”，错误的打“×”）

1. 玻璃的热工性质主要是指其导热性、热膨胀性和热稳定性。（　　）

2. 平板玻璃按外观质量不同分为普通级平板玻璃和优质加工级平板玻璃。（　　）

3. 钢化玻璃使用时能任意切割、磨削，边角不能碰击挤压。（　　）

4. 防弹夹层玻璃由多层夹层组成，主要用在银行及具有强爆震动、浪涌冲击的地方的装饰工程中，也可用作特种车辆的车窗。（　　）

5. 中空玻璃与单层玻璃相比，具有更好的隔热性能。（　　）

6. 不透明彩色玻璃是在玻璃原料中加入一定量的金属氧化物制成的。（　　）

7. 刻花玻璃是在平板玻璃表面贴上花纹图案，再有选择地涂抹护面层，然后进行喷砂处理制成的。（　　）

8. 镭射玻璃适用于酒店、宾馆和各种商业、文化、娱乐设施的装饰。（　　）

四、名词解释

1. 平板玻璃

2. 钢化玻璃

3. 夹丝玻璃

4. 夹层玻璃

五、简答题

1．什么是中空玻璃？

2．钢化玻璃的性能特点有哪些？

3．夹丝玻璃的性能特点有哪些？

4．夹层玻璃的性能特点有哪些？

第六章

涂料

一、填空题（将正确答案填在横线上）

1. 建筑涂料的主要作用有__________、__________和改善建筑物的使用功能。

2. 涂料的组成成分包括主要成膜物质、次要成膜物质和__________。

3. 涂料按主要成膜物质的化学成分不同，分为__________、__________和复合涂料。

4. 建筑涂料按使用部位不同分为外墙涂料、__________、__________等。

5. 建筑上广泛应用的无机高分子外墙涂料有碱金属硅酸盐和_________两类。

6. 彩砂涂料是由苯乙烯－丙烯酸酯共聚乳液、_________、增稠剂及各种助剂等配制而成的。

7. 选购乳胶漆的检查要点有：一看、_______、_______、四挑。

8. 特种涂料包括__________、发光涂料、__________、防虫涂料和防霉涂料。

二、单选题（将正确答案的字母填在括号内）

1. 在涂料中起骨架和填充作用的是（　　）。

A. 颜料　　B. 胶黏剂

C. 填料　　D. 固着剂

2. 加在涂料中，能改善涂膜性能的是（　　）。

A. 填料　　B. 颜料

C. 溶剂　　D. 助剂

3. 按（　　）不同进行分类，涂料可分为薄质涂料、厚质涂料和粒状涂料。

A. 使用部位　　B. 涂膜光泽的强弱

C. 主要成膜物质的化学成分　　D. 形成的涂膜的质感

4. 外墙涂料具备而内墙涂料不具备的重要功能是（　　）。

A. 装饰　　B. 抗紫外线照射

C. 耐水　　D. 耐污染

5. 地面涂料与内外墙涂料的主要性能区别是：地面涂料具有（　　）。

A. 耐水性　　B. 装饰性

C. 耐磨性　　D. 耐碱性

6. 适用于地下工程、卫生间、厨房等装修的涂料是（　　）。

A. 防水涂料　　B. 外墙涂料

C. 发光涂料　　D. 水基涂料

7. 下列选项中，对环境污染少、无公害，为环境友好型涂料的是（　　）。

A. 绿色涂料　　B. 特种涂料

C. 多彩涂料　　D. 无机高分子涂料

8. 不同于普通溶剂型涂料，粉末涂料的分散介质是（　　）。

A. 溶剂　　B. 空气

C. 水　　D. 媒介

三、判断题（正确的在题后括号内打“√”，错误的打“×”）

1. 涂料的主要成膜物质的作用是将涂料中的其他成分黏结成一个整体，并能牢固地附着在基体的表面形成连续均匀的坚韧涂膜。（　　）

2. 生产涂料常用的有机溶剂有松香水、酒精、汽油、苯、二甲苯、丙酮等。（　　）

3. 碱金属硅酸盐系外墙涂料的耐水性、耐老化性较好，涂膜遇火不燃，有一定的防火作用。（　　）

4. 溶剂型内墙涂料是由水溶性化合物、适量的填料、颜料和助剂，经研磨、分散制成的。（　　）

5. 彩砂涂料主要用于较高级的公共建筑物、公寓及民用住宅的外墙装饰。（　　）

6. 外墙涂料不可用于内墙装饰。（　　）

7. 过氯乙烯水泥地面涂料属于溶剂型地面涂料。（　　）

8. 发光涂料是指在夜间能起指示作用的一类涂料。（　　）

四、名词解释

1. 溶剂型外墙涂料

2. 乳胶漆

3. 无机高分子外墙涂料

4．水溶性内墙涂料

五、简答题

1．外墙涂料有哪些特点？

2．乳液型外墙涂料的主要特点有哪些？

3．内墙涂料有哪些特点？

4．乳胶漆的主要特点有哪些？

第七章 木材

一、填空题（将正确答案填在横线上）

1. 木材的__________是指木材中所含水的质量与木材干燥后质量的百分比。

2. 木材强度除由本身组织构造因素决定外，还与含水率、疵点、负荷持续时间、__________等因素有关。

3. 楠木品种有香楠、____________和水楠，主要用于制作高档家具、地板等。

4. 木材干燥的方法有天然干燥法和____________。

5. 木材常用的防火处理方法有表面涂敷法和____________两种。

6. 人造板材主要包括胶合板、刨花板、__________、__________、木丝板和木屑板等。

7. __________是由用短小废料刨制的木屑，经干燥、拌入胶料、热压制成的人造板材。

8. 实木地板可分为平口实木地板、________________、______________、竖木地板等。

二、单选题（将正确答案的字母填在括号内）

1. 当木材的含水率在纤维饱和点以下时，随含水率降低，细胞壁趋于紧密，木材强度会（　　）。

A. 不变　　B. 增大
C. 减小　　D. 无法确定

2. 木材的各种强度中，强度值最大的是（　　）。

A. 抗拉强度　　B. 抗压强度
C. 抗弯曲强度　　D. 抗剪强度

3. 在加工使用木材前，应将其干燥至（　　）。

A. 含水率达到纤维饱和点　　B. 含水率达到平衡含水率
C. 含水率达到标准含水率　　D. 绝干状态

4. 木材的最大缺点是（　　）。

A. 易燃　　B. 易吸潮
C. 易开裂和翘曲　　D. 易腐朽

5. 木材的含水率对木材的（　　）影响最小。

A. 顺纹抗压强度　　B. 顺纹抗弯强度

C．顺纹抗剪强度　　　　　　　　　　　D．顺纹抗拉强度

6．下列选项中，属于普通胶合板特点的是（　　）。

A．收缩性大　　　　　　　　　　　　　B．横向抗拉强度大

C．纵向抗拉强度大　　　　　　　　　　D．幅面大

7．普通胶合板按耐水程度不同可分为（　　）类。

A．二　　　　　　　　　　　　　　　　B．三

C．四　　　　　　　　　　　　　　　　D．五

8．在室内装饰中，木线主要用作（　　）。

A．天花线　　　　　　　　　　　　　　B．天花角线

C．墙面线　　　　　　　　　　　　　　D．以上都是

三、判断题（正确的在题后括号内打“√”，错误的打“×”）

1．树木的种类有很多，按树叶的形状可分为针叶树和阔叶树两大类。（　　）

2．木材的构造是决定木材性能的重要因素。（　　）

3．木材中所含的水分随着环境温度和湿度的变化而变化。（　　）

4．木材各个切面硬度相差不大。（　　）

5．木材的强度较高，所以木结构具有良好的抗震性能。（　　）

6．由于刨花板内部为颗粒状结构，所以它不易于铣型。（　　）

7．按密度不同，密度板分为高密度板、中密度板、低密度板，装饰工程中常用的是高密度板。（　　）

8．木花格一般用硬木或杉木树材制作，要求材质木节少、颜色好、无虫蛀腐蚀等。（　　）

四、名词解释

1．普通胶合板

2．细木工板

3．实木复合地板

4．刨花板

五、简答题

1．通常采用的木材防腐措施有哪些？

2．影响细木工板质量的因素主要有哪些？

3．强化木地板的特点是什么？

4．人造板材的优点有哪些？

第八章 塑料

一、填空题（将正确答案填在横线上）

1. __________是塑料中的主要成分，它在塑料生产中起胶结作用。

2. 塑料门窗分为全塑料门窗和__________塑料门窗。

3. 三聚氰胺层压板按表面的外观特性不同分为__________、__________、双面型和滞燃型四种。

4. 硬质 PVC 板按断面形式不同可分为平板、波形板、__________和格子板等。

5. 泡沫塑料是由树脂、__________经发泡、固化或冷却等工序制成的多孔塑料制品。

6. 塑料地板按生产工艺不同可分为压延法塑料地板、__________塑料地板和注射法塑料地板。

7. 塑料壁纸按结构及加工方法不同可分为普通壁纸、__________和特种壁纸。

8. PP-R 管材是由__________经改性、挤压制成的，具有优良的耐热性及较高的强度。

二、单选题（将正确答案的字母填在括号内）

1. 下列选项中，能降低塑料熔融黏度和熔融温度，增加其可塑性和流动性的是（　　）。

A. 填充剂　　B. 着色剂
C. 稳定剂　　D. 增塑剂

2. 下列选项中，属于热塑性塑料的是（　　）。

A. 环氧树脂塑料　　B. 有机硅塑料
C. 聚乙烯塑料　　D. 酚醛塑料

3. 三聚氰胺层压板厚度为（　　）mm 以上时可单独使用。

A. 0.5　　B. 0.8
C. 1.5　　D. 2

4. 铝塑板表面铝板经过阳极氧化处理和（　　）处理，色泽鲜艳。

A. 热压　　B. 着色
C. 发泡　　D. 贴膜

5. 按（　　）不同进行分类，塑料地板可分为硬质塑料地板、半硬质塑料地板和软质塑料地板。

A．使用的树脂　　B．生产工艺

C．材料　　D．结构

6．硬质聚氯乙烯管材的常温使用压力范围为：轻型的不得超过 0.6 MPa，重型的不得超过（　　）MPa。

A．1　　B．1.5

C．2　　D．2.5

7．下列选项中，主要用作室内冷热水配管、煤气与天然气输送管的是（　　）。

A．聚丙烯（PP）管

B．聚乙烯（PE）管

C．无规共聚聚丙烯（PP-R）管

D．铝塑复合（PAP）管

8．PP-R 管材采用（　　）技术连接。

A．焊接　　B．螺纹

C．热熔　　D．连接件

三、判断题（正确的在题后括号内打“√”，错误的打“×”）

1．塑料按组成成分不同可分为单组分塑料和多组分塑料。（　　）

2．塑料按受热时所含树脂发生的变化不同可分为热塑性塑料和热固性塑料。（　　）

3．在常用塑料中，聚氯乙烯的密度是最小的。（　　）

4．聚乙烯按生产方法不同分为高压聚乙烯、中压聚乙烯和低压聚乙烯。（　　）

5．三聚氰胺层压板常用在墙面、柱面、台面、家具、吊顶等饰面工程中。（　　）

6．硬质 PVC 异形板有纵向波、横向波两种基本结构。（　　）

7．硬质 PVC 格子板常用作体育馆、图书馆、展览馆或医院等公共建筑物的墙面或吊顶。（　　）

8．低发泡印花壁纸常用于影剧院和民用住宅天花板等的装饰。（　　）

四、名词解释

1．三聚氰胺层压板

2．铝塑板

3．塑料卷材地板

4．玻璃贴膜

五、简答题

1．塑料具有哪些特性？

2．塑料地板有哪些特点？

3．塑料壁纸有哪些特点？

4．塑料门窗有哪些优点？

第九章 金属材料

一、填空题（将正确答案填在横线上）

1. 金属材料通常分为__________金属材料、有色金属材料和特种金属材料。

2. 建筑用钢材包括各种__________、钢板、钢管，以及制作钢筋混凝土用的钢筋和钢丝。

3. 钢材的损坏有两种情况：一种是化学腐蚀，另一种是__________腐蚀。

4. 按组织特点不同进行分类，不锈钢可分为________________不锈钢、铁素体不锈钢、____________不锈钢和沉淀硬化不锈钢。

5. 建筑装饰用不锈钢板材按照反光率不同可分为镜面板（或光面板）、________和浮雕板。

6. 纯铜表面被氧化生成氧化铜膜后呈紫红色，故称其为________，它属于有色贵金属。

7. 铝在自然状况下暴露，表面易生成一层致密坚固的__________薄膜，该薄膜可以阻止铝继续氧化，从而起到保护作用。

8. 按成分和工艺特点的不同进行分类，铝合金可以分为________铝合金和铸造铝合金。

二、单选题（将正确答案的字母填在括号内）

1. 不锈钢是在钢中加入（　　）元素制成的。

A. 镍　　B. 铬

C. 锰　　D. 钛

2. 金属材料与其他建筑材料相比，具有更好的（　　）。

A. 耐热性　　B. 强度

C. 耐久性　　D. 以上都是

3. 不锈钢最显著的特性是（　　）。

A. 耐腐蚀性好　　B. 表面光泽度好

C. 硬度大　　D. 延展性好

4. 彩色不锈钢板色彩面层能在（　　）℃以下无变化，不剥离。

A. 350　　B. 300

C. 250　　D. 200

5. 在钢板表面上覆一层（　　）mm 厚的半硬质聚氯乙烯塑料膜可制成塑料复合板。

A．0.1 ~ 0.2　　B．0.2 ~ 0.4

C．0.3 ~ 0.5　　D．0.4 ~ 0.6

6．下列选项中，不属于铝合金特点的是（　　）。

A．质量轻　　B．耐腐蚀性能好

C．不易着色　　D．耐低温性能好

7．对铝材进行人工氧化处理，可采用阳极氧化处理法和（　　）。

A．表面处理法　　B．封孔处理法

C．化学氧化处理法　　D．物理氧化处理法

8．下列选项中，不属于铝合金门窗优点的是（　　）。

A．质量轻　　B．耐久性好

C．装饰性好　　D．造价低

三、判断题（正确的在题后括号内打“√”，错误的打“×”）

1．在建筑装饰工程中，金属材料从使用性质与要求上看又分为结构承重材料和饰面材料。（　　）

2．铬元素含量越高，钢的抗腐蚀性越好。（　　）

3．彩色不锈钢板的加工性能好，可弯曲、可拉伸、可冲压。（　　）

4．铁素体不锈钢无磁性，含碳量很低，含铬量为 17% ~ 19%，含镍量为 8% ~ 11%，它具有良好的耐腐蚀性和耐热性，抛光后能长久光亮。（　　）

5．不锈钢板材可用于公共建筑物墙柱面的装饰，如电梯门等。（　　）

6．搪瓷装饰板不仅具有金属基底材料的刚度和强度，而且还具有搪瓷釉层的化学稳定性和装饰性。（　　）

7．铝是一种银白色的轻金属，熔点为 660 ℃；密度为 2.7 g/cm^3，是钢密度的 1/2 左右，是建筑物中各种轻结构的基本组成材料之一。（　　）

8．铝合金不仅能用在建筑装饰中，还能用在建筑结构中，它可作为独立承重的大跨度结构材料使用。（　　）

四、名词解释

1．金属材料

2．彩色涂层钢板

3．铜合金

4．彩色压型钢板

五、简答题

1．建筑装饰用不锈钢在使用时应考虑哪些方面？

2．彩色涂层钢板可分为哪几类？

3. 铝合金门窗的优点有哪些？

4. 铝合金龙骨的特点有哪些？

织物

一、填空题（将正确答案填在横线上）

1. ________是衡量地毯面层与背衬复合强度的一项性能指标。

2. 根据材质不同，地毯主要可分为________地毯、化纤地毯、________地毯、塑料地毯和植物纤维地毯。

3. 纯毛地毯的耐磨性，一般是由羊毛的质地和________决定。

4. 化纤地毯表面结构一般有__________结构、多层绒头高低针结构、割绒（剪毛）结构、长毛绒结构和起绒（粗绒）结构等。

5. __________是一种新型地毯，它是植物纤维地毯的代表。

6. 特种壁纸也称__________。

7. 发泡壁纸有高发泡印花壁纸、______________和低发泡印花壁纸等品种。

8. 装饰壁布可分为_______装饰壁布、棉纺装饰壁布和高级装饰壁布。

二、单选题（将正确答案的字母填在括号内）

1. 下列选项中，不属于装饰织物特性的是（　　）。

A. 装饰性　　B. 实用性

C. 节能性　　D. 阻燃性

2.（　　）的数量决定手工编织纯毛地毯的密度。

A. 丝　　B. 层

C. 道　　D. 根

3. 化纤地毯的（　　）决定它的装饰效果。

A. 颜色　　B. 制作原料

C. 制作工艺　　D. 表面结构

4. 混纺地毯比纯毛地毯的耐磨性能高出（　　）倍。

A. 4　　B. 5

C. 6　　D. 7

5.（　　）耐磨性好，易清洗，不易腐蚀、虫蛀和霉变，易变形，易产生静电，遇火会局部熔解。

A. 丙纶地毯　　B. 涤纶地毯

C. 锦纶地毯　　D. 腈纶地毯

6. 由动物毛纤维和各种人工合成纤维混纺而成的地毯是（　　）。

A．混纺地毯　　B．化纤地毯
C．纯毛地毯　　D．塑料地毯

7．下列选项中，属于 PVC 壁纸的是（　　）。
A．普通壁纸　　B．发泡壁纸
C．特种壁纸　　D．以上都是

8．下列选项中，不属于壁布特点的是（　　）。
A．色彩多样　　B．吸声隔声
C．绿色环保　　D．易擦洗

三、判断题（正确的在题后括号内打“√”，错误的打“×”）

1．纤维工艺美术品是以各式纤维为原料编结、织制的艺术品。（　　）

2．纯毛地毯以粗羊毛为主要原料，质地厚实、柔软舒适，属于高档铺地装饰材料。（　　）

3．机织纯毛地毯是介于手工编织纯毛地毯与化纤地毯之间的一种中高档地毯。（　　）

4．PVC 壁纸的基层是纸，装饰层的主要构成材料是聚氯乙烯。（　　）

5．麻草壁纸的特点是：色泽自然典雅、质感良好、不褪色、无反光和毒害、防静电，还有一定的吸音作用。（　　）

6．壁布按层次构成不同可分为单层壁布和多层壁布。（　　）

7．棉纺装饰壁布是由纯棉平布经过处理、印花，涂以耐磨树脂制作而成的。（　　）

8．无纺壁布是由棉、麻等天然纤维或涤纶、腈纶等合成纤维，经无纺成型、涂布树脂、印刷彩色花纹等工序制成的一种墙面装饰材料。（　　）

四、名词解释

1．化纤地毯

2．塑料地毯

3．纸基织物面壁纸

4．玻璃纤维印花壁布

五、简答题

1．装饰织物按使用环境与用途不同可分为哪几类？

2．衡量地毯质量的指标主要有哪些？

3．手工编织纯毛地毯有哪些特点？

4．壁布与壁纸的区别是什么？

第十一章 胶黏剂

一、填空题（将正确答案填在横线上）

1. 胶黏剂能在两种材料之间形成薄膜，使它们粘在一起，其形态通常为________和膏状。

2. 胶黏剂的黏结性能主要取决于______________的特性。

3. 有机胶黏剂可分为人工合成有机胶黏剂和__________有机胶黏剂。

4. 环氧树脂类胶黏剂，俗称“__________”，是目前应用最广泛的胶黏剂之一。

5. 大多数胶黏剂的黏结强度随胶层厚度增加而__________。

6. 有的胶黏剂中含有__________等有害物质，应尽量避免选用。

7. 含有稀释剂的胶黏剂，在其黏结前一定要晾置，否则在胶层内会产生________，影响黏结强度。

8. 胶黏剂的固化一般需要一定的压力、____________和时间。

二、单选题（将正确答案的字母填在括号内）

1. 下列选项中，在胶黏剂中不发生化学反应的是（　　）。

A. 黏结物质　　B. 改性剂

C. 填料　　D. 固化剂

2. 下列选项中，能降低胶黏剂热膨胀系数的是（　　）。

A. 黏结物质　　B. 改性剂

C. 填料　　D. 固化剂

3.（　　）干燥成薄膜状时才能使用。

A. 膏糊型胶黏剂　　B. 乳胶型胶黏剂

C. 特种胶黏剂　　D. 膜状胶黏剂

4. 下列选项中，对金属、木材、玻璃、硬塑料和混凝土都有很高黏结力的是（　　）。

A. 环氧树脂类胶黏剂　　B. 聚醋酸乙烯酯类胶黏剂

C. 聚乙烯醇缩甲醛类胶黏剂　　D. 合成橡胶类胶黏剂

5. 下列选项中，主要用来粘接各种非金属材料（如玻璃、陶瓷）的是（　　）。

A. 环氧树脂类胶黏剂　　B. 聚醋酸乙烯酯类胶黏剂

C. 聚乙烯醇缩甲醛类胶黏剂　　D. 合成橡胶类胶黏剂

6. 下列选项中，主要用来粘接金属、玻璃、陶瓷、铝合金等材料的是（　　）。

A．环氧树脂类胶黏剂　　B．聚醋酸乙烯酯类胶黏剂

C．聚乙烯醇缩甲醛类胶黏剂　　D．聚氨酯类胶黏剂

7．在对抗剥离强度要求高的黏结中应注意避免使用（　　）。

A．酚醛－丁腈类胶黏剂　　B．硅橡胶类胶黏剂

C．环氧树脂类胶黏剂　　D．聚胺酯类胶黏剂

8．黏结件如果需要在高低温交替的环境中工作，最好选用（　　）。

A．酚醛－丁腈类胶黏剂　　B．硅橡胶类胶黏剂

C．环氧树脂类胶黏剂　　D．聚胺酯类胶黏剂

三、判断题（正确的在题后括号内打“√”，错误的打“×”）

1．固化剂是促使黏结物质通过化学反应加快固化的组分，它可以增加胶层的内聚强度。（　　）

2．增韧剂又称增塑剂，它能提高胶黏剂硬化后黏结层的韧性和抗冲击强度。（　　）

3．稀释剂可增加胶黏剂的黏度。（　　）

4．改性剂是为了改善胶黏剂某一方面的性能以满足特殊要求而加入的。（　　）

5．大部分胶黏剂是属于乳液型的。（　　）

6．乳液或乳胶型胶黏剂是树脂或橡胶在水中分散而成的水分散型胶黏剂。（　　）

7．粉末胶黏剂主要是热熔型胶黏剂。（　　）

8．不同特性的材料应使用不同的胶黏剂。（　　）

四、名词解释

1．胶黏剂

2．聚醋酸乙烯酯类胶黏剂

3．聚乙烯醇缩甲醛类胶黏剂

4．合成橡胶类胶黏剂

五、简答题

1．胶黏剂的组成成分有哪些？

2．装饰工程中常用的胶黏剂有哪些品种？

3．在装饰工程中选用胶黏剂时应遵循哪些原则？

4．使用胶黏剂进行施工时要注意哪些问题？